Bibliografische Information der Deutschen Nationalbibliothek:

Die Deutsche Bibliothek verzeichnet diese Publikation in der Deutschen National-
bibliografie; detaillierte bibliografische Daten sind im Internet über http://dnb.d-
nb.de/ abrufbar.

Impressum:

Copyright © 2014 GRIN Verlag, Open Publishing GmbH
Druck und Bindung: Books on Demand GmbH, Norderstedt Germany
ISBN: 9783668479470

Dieses Buch bei GRIN:

http://www.grin.com/de/e-book/369807/galaxien-damals-und-heute

Jannes Kretschmer

Aus der Reihe: e-fellows.net stipendiaten-wissen

e-fellows.net (Hrsg.)

Band 2448

Galaxien damals und heute

Wie hat sich das Wissen um Galaxien innerhalb der letzten 25 Jahren geändert?

GRIN Verlag

Seminararbeit

W-Seminar Astrophysik

Thema:

Galaxien

Jannes Kretschmer

03.11.2014

Inhaltsverzeichnis

1 Entdeckung der Galaxien

Eigentlich wollte Charles Messier nur Kometen finden und dazu suchte er nach hellen, verschwommenen Flecken, deren Bewegung er untersuchte. Doch ein Fleck bewegte sich nicht. Als sich das öfter wiederholte war er sehr verärgert und listete diese Nebelflecken mit genauer Position auf. Dieser sogenannte Messier-Katalog, welcher von 1758 bis 1782 entstand, enthält über 100 Nebel, Sternhaufen und Galaxien.

Wilhelm Herschel nahm diesen Katalog als Grundlage für eine Himmelskarte, auf der zusätzlich über 2000 Nebel verzeichnet sind, die er innerhalb von sieben Jahren mit seinen fortschrittlichen Spiegelteleskopen entdeckt hat. Er war außerdem davon überzeugt, dass die Milchstraße selbst auch ein Nebel ist. Viele der Einträge konnte er als Sternhaufen identifizieren.

Ende 1840 konnte William Parsons mit dem damals größten Spiegelteleskop erstmals die Spiralstruktur einer Galaxie erkennen, jedoch keine einzelnen Sterne.

Im ersten Viertel des 20. Jahrhunderts setzte sich dann allmählich die Ansicht unter Astronomen durch, dass es sich bei den Spiralnebeln, welche Parsons erstmals entdeckt hatte, wirklich um Milchstraßenähnliche Galaxien handeln muss.

Das wurde noch durch die hohen Flucht– und Annäherungsgeschwindigkeiten von einigen Spiralnebeln im Bezug zur Erde, welche teilweise bei 800km/s liegt und von Vesto Slipher zwischen 1912 und 1915 gemessen wurden, unterstrichen. Wenn diese Nebel nämlich von der Milchstraße beeinflusst werden würden, müssten sie sich langsamer bewegen. Also liegt die Annahme nahe, dass es sich um eigenständige Galaxien handelt.

Doch letzte Zweifel konnte erst Edwin Hubble ausräumen, als er 1923 nachweisen konnte, dass der Andromeda-Nebel außerhalb unserer Galaxie liegt. Das konnte er durch die Entdeckung eines Cepheiden in der Andromeda Galaxie, welcher periodisch die Helligkeit ändert, wodurch man die absolute Helligkeit der Sterne und damit ihren Abstand zur Erde berechnen kann. Somit wurde Kants Welteninsel-Theorie endgültig bewiesen, die er schon 1755 in einem Buch veröffentlichte[1], [2], [3], [4].

2 Der Wissensstand vor 25 Jahren

2.1 Aufbau von Spiralgalaxien

2.1.1 Das Schema

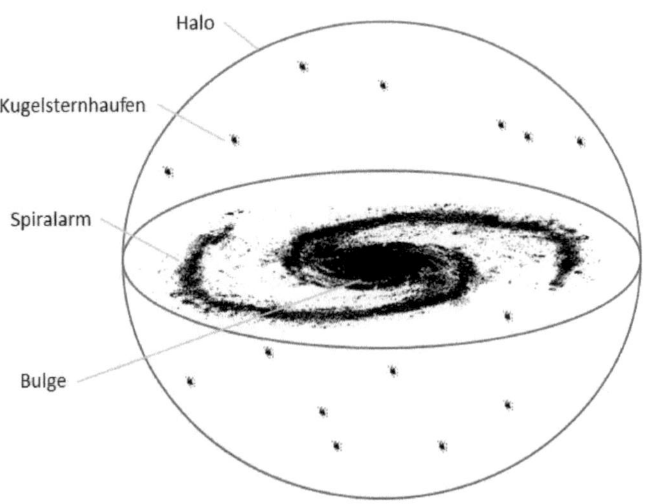

Abb1: Schema einer Spiralgalaxie

In Spiralgalaxien kann man im Gegensatz zu elliptischen Galaxien sehr gut einzelne Strukturen erkennen, wie das Halo, welches kugelförmig die Galaxie umgibt und eine flache Scheibe, mit den Spiralarmen mit einem dichten Zentrum aus Sternen.

Im Halo, welcher einen Radius von bis zu 200 000 LJ haben kann, bewegen sich vereinzelt Kugelsternhaufen, wodurch er relativ dunkel ist im Gegensatz zur Spirale. Einige Kugelsternhaufen bewegen sich aber auch außerhalb des Halos. Diese Sternhaufen können mehrere Millionen von Sternen, meist alte Rote Riesen, welche schon erkaltet sind, enthalten und weisen Radien von bis zu 150 LJ auf. Ihre Bahnen verlaufen außerdem sehr exzentrisch um den Kern, bis zu 300 000 LJ über die Scheibenebene hinaus. Beim Durchkreuzen dieser

Scheibe wird Gas an diese abgegeben, woraufhin die Roten Riesen zu weißen Zwergen werden.

Die Arme der Scheibe, deren Radius oft das 50-fache ihrer Dicke beträgt, liegen eher lückenhaft und ohne klar definierbare Grenzen vor. Das Größenverhältnis zum Galaktischen Zentrum, oder auch Bulge genannt, ist von Galaxie zu Galaxie verschieden.

Im Gegensatz zu den Sternen in der Scheibe sind diejenigen im Zentrum viel älter und bewegen sich auf Bahnen, welche weit aus der Scheibenebene herausführen, oder sogar im spitzen Winkel dazu verlaufen. In der Scheibe können jedoch auch noch Sterne durch das vorhandene Material, wie Staub und Gas, neu entstehen.

Es konnte damals schon durch die Rotation der Galaxien die Existenz von dunkler Materie postuliert werden, welche wahrscheinlich um den Halo herum zu finden ist, aber über die Beschaffenheit kann nur gemutmaßt werden[1].

2.1.2 Das Rätsel der Spiralen

Die Spiralen kommen durch die unterschiedliche Umlaufdauer der Körper um das galaktische Zentrum in Abhängigkeit zur Entfernung zustande. Doch diese Spiralstruktur dürfte nach so langer Zeit nicht mehr bei so vielen Galaxien vertreten sein, sondern der Abstand zwischen den Armen sollte immer kleiner werden, bis die Struktur völlig zerstört ist und sie sich „aufgewickelt" hat.

Eine mögliche Erklärung, welche bis heute anerkannt ist, ist die Dichtewellentheorie. Sie wurde Ende der 1920er Jahre von Bertil Lindblad veröffentlicht und in den 60er Jahren von Chia Lin und Frank Shu weiterentwickelt.

Sie besagt, dass die Spiralarme nicht materialgebunden sind, sondern lediglich Regionen mit höherer Dichte darstellen, welche langsamer rotieren, als die Sterne. Dadurch durchlaufen diese die Dichtewellen mehrmals während ihrer Umrundungen. In den Wellen werden sie gebremst und daher wird die Dichte zusätzlich erhöht. So können neue Sterne aus der freien Materie entstehen, welche dann sehr hell leuchten. Daher stechen die Spiralarme optisch so hervor. Nach dem Austritt aus der Region beschleunigt der Stern wieder aufgrund des geringeren Widerstandes und so nimmt die Dichte auf der weiteren Bahn wieder ab.

Das kann man gut mit einem langsamen Lastwagen vergleichen, hinter dem sich die Autos stauen und deren Dichte somit zunimmt. Nachdem sie ihn überholt haben, werden sie wieder schneller und der Abstand zwischen ihnen wird wieder größer. Doch der dichte Stau bewegt sich insgesamt weiter, wie im übertragenen Sinne die Dichtewellen und somit die Spiralarme. Die Autos, bzw. die Sterne wechseln aber kontinuierlich.

Diese Theorie kann jedoch nicht alle Spiralstrukturen und das Zustandekommen derselben klären[1], [9].

2.2 Die Milchstraße

Eine große Frage, damals, wie heute, ist, nachdem man herausgefunden hat, dass es sich bei der Milchstraße um eine Spiralgalaxie handelt, ob sie zwei oder vier Arme hat. Doch man hat damals den Durchmesser der Scheibe mit 100 000 LJ schon relativ genau bestimmt.

Das Alter wiederum hat man mit 13 bis 15 Milliarden Jahren relativ gut bestimmt, wenn auch etwas ungenau, denn aus dem Berylliumanteil in Kugelsternhaufen lässt sich das Alter – mit einer Genauigkeit von etwa 0,8 Mrd. Jahren – auf etwa 13,6 Mrd. Jahre datieren. Allein das Alter des Universums beläuft sich höchst wahrscheinlich „nur" auf etwa 13,7 bis 13,8 Milliarden Jahre.

In den 70er Jahren wurde im Zentrum der Galaxis eine zweite rotierende Scheibe entdeckt, welche ungefähr 20° zur Hauptscheibe geneigt hat und deren Durchmesser etwa 8 000 LJ beträgt. In deren Zentrum wurde 1984 wiederum eine kleinere Scheibe mit 45° Neigung und geringer Dichte entdeckt, in deren Zentrum sich ein massives schwarzes Loch befindet.

Es wurde damals schon angenommen, dass viele Galaxien ein schwarzes Loch als Zentrum haben. Diese Meinung wird heutzutage immer noch von vielen Astronomen vertreten[1], [6], [7], [8], [10].

2.3 Das Aufeinandertreffen

Wenn sich zwei Galaxien mit vergleichbarer Masse zu nahekommen, wirken Gravitationskräfte, welche ähnliche Auswirkungen auf die Sterne in den Galaxien hat, wie die Gravitationskräfte, die vom Mond auf das irdische Wasser wirken.

Erst werden beide in die Länge gezogen und später bilden sich Brücken zwischen den Galaxien und lange Schweife aus Sternen auf den entgegengesetzten Seiten.

Nach etwa 700 Mio. Jahren sind die Scheiben sehr geschrumpft, während die Schweife so lang geworden sind, dass Sterne, welche stark beschleunigt wurden, in den intergalaktischen Raum geschleudert werden. Die Größenverhältnisse sind in Abb. 2 gut zu erkennen.

Abb 2: Kollision von zwei Galaxien

Wenn sich zwei gegeneinander rotierende, parallel stehende Scheibengalaxien auf Kollisionskurs befinden, bewegen sie sich erst durcheinander durch, wobei Sternkollisionen wegen des riesigen interstellaren Raums sehr unwahrscheinlich sind, wobei beide durch die Gravitation gebremst und verformt werden.

Bei zweiten Aufeinandertreffen bewegen sie sich zwar wieder durcheinander hindurch, aber diesmal fangen die Sterne an, um das Zentrum der neuen Galaxie zu kreisen, bis nach etwa zwei Mrd. Jahren eine neue elliptische Galaxie entstanden ist[1].

3 Der Wissensstand heute

3.1 Vergleich zu Wissensstand vor 25 Jahren

In 2.2 wurde schon auf die Unterschiede eingegangen und bei dem Schema von Spiralgalaxien hat sich nichts Nennenswertes an dem Verständnis geändert, außer, dass die Scheibe noch in eine dicke und eine dünne Scheibe unterteilt werden kann. Dabei beinhaltet die dünne Scheibe mit 65% der sichtbaren Materie das 13-fache der dicken Scheibe.

Die Dichtewellentheorie wird, wie in 2.1.2 erwähnt, heutzutage auch noch anerkannt. Die Abläufe aus 2.3 während der Wechselwirkung von Galaxien wurden inzwischen auch mehrfach bestätigt. Ergänzend ist noch zu erwähnen, dass die neu entstandenen elliptischen Galaxien sehr arm an Gas sind, weshalb kaum neue Sterne entstehen. Dies ist der Fall, da sich während der Kollision eine dichte Gaswolke im Zentrum bildet, wo daraufhin viele neue Sterne entstehen und dabei das Gas „verbrauchen". Deshalb weisen elliptische Galaxien eine alte Sternpopulation auf.

Wenn eine kleine Spiralgalaxie eine große durchdringt kann außerdem eine Ringgalaxie entstehen.

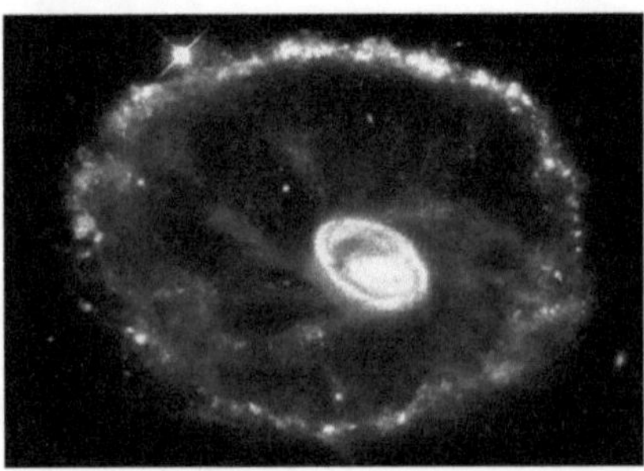

Abb. 3: Beispiel Ringgalaxie: Wagenrad-Galaxie

Die Galaxien waren vor 25 Jahren also schon relativ gut erforscht, doch viele Fragen bleiben noch bis heute offen[11], [12].

3.2 Klassifikation der Galaxien

Schon in den 1920er Jahren begann Edwin Hubble mit einer Klassifikation von den Galaxien die er entdeckte. 1936 veröffentlichte er die Hubble-Sequenz, wobei er aufgrund der Morphologie zwischen elliptischen, Spiral-, Balkenspiral- und irregulären Galaxien unterschied. Er stellte die Theorie auf, dass diese Sequenz die Entwicklung der Galaxien darstellte. Das trifft zwar nicht zu, aber seine Klassifikation wird bis heute mit mehreren Ergänzungen verwendet

Im Falle unsicherer Angaben, kann man einen Doppelpunkt nachstellen. Falls sie zweifelhaft sind, wird ein Fragezeichen hinter diese geschrieben[20].

3.2.1 Elliptische Galaxien

In der Hubble-Klassifikation werden elliptische Galaxien mit einem „E" bezeichnet und dahinter folgt die Nachkommastelle der Exzentrizität, das heißt „E5" hat eine Exzentrizität von 0,5. Es werden Werte von 0 bis 0,7 unterschieden. Ungefähr ein Viertel aller bekannten Galaxien wird mit einem „E" klassifiziert. Linsenförmige Galaxien sind ein Übergangstyp zwischen ellipti- schen und Spiralgalaxien und werden mit „S0" bezeichnet.

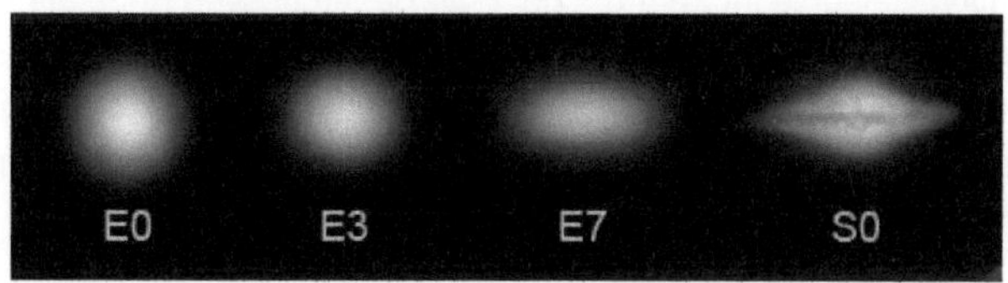

Abb. 4: Hubble-Sequenz für elliptische Galaxien

Heutzutage werden elliptische Galaxien außerdem noch in fünf weitere Kategorien unterteilt. Die Elliptischen Riesengalaxien, bezeichnet mit „cD", sind die größten bisher bekannten Galaxien, mit einem Durchmesser von bis zu 3 Millionen Lichtjahren. Sie kommen vermehrt im Zentrum von Galaxienhaufen vor und entstehen durch die Verschmelzung von mehreren Galaxien, wodurch sie bis zu einer Billion Sterne enthalten können.

Normale elliptische Galaxien hingegen bestehen aus mehreren 100 Milliar- den Sternen. Ihr Durchmesser misst einige hunderttausend Lichtjahre und zu ihnen werden noch zusätzlich in Riesen-Ellipsen („gE") und die kompakten Ellipsen („cE") gezählt. Sie weisen eine geringere Helligkeit, als die Riesengalaxien auf, haben aber noch eine mittlere bis hohe Leuchtkraft.

Elliptische Zwerggalaxien („dE") unterscheiden sich von Kompakten Ellipsen vor allem durch eine deutlich geringere Helligkeit. Der Durchmesser beträgt zwischen 3 000 LJ und 20 000 LJ.

Die kugelförmigen Zwerggalaxien („dSph") können aufgrund ihrer geringen Größe und Helligkeit bis jetzt nur in der näheren Umgebung der Milchstraße beobachtet werden.

Blaue Zwerggalaxien („BCD") enthalten relativ viel interstellares Gas und daher eine relativ junge Sternpopulation, wodurch sie bläulich erscheinen[13], [14], [15], [16], [17].

3.2.2 Spiral- und Balkenspiralgalaxien

Über 50% aller bekannten Galaxien sind Spiralgalaxien. Ihr genauer Aufbau wird in 2.1 näher behandelt. Sie haben mit einem Durchmesser von ungefähr 100 000 LJ eine mittlere Größe im Vergleich zu anderen Klassen.

Balkenspiralgalaxien verfügen im Unterschied zu Spiralgalaxien über einen Balken, mit Mittelpunkt im Zentrum der Galaxie, an dessen Ende die Spiralarme beginnen. Der Balken entsteht durch eine Dichtewelle, welche Gas ins Zentrum transportiert und so ein guter Platz für die Entstehung neuer Sterne ist. Es weisen etwa zwei Drittel aller bekannten Spiralgalaxien eine Balkenstruktur auf, darunter auch unsere Milchstraße.

Beide Typen werden mit einem „S" bezeichnet, worauf bei den Balkenspiral-galaxien noch ein „B" und sonst ein „A" folgt. Falls nicht gesagt werden kann, ob sie einen Balken haben oder nicht, werden sie nur mit „S" bezeichnet und Mischformen mit „SAB". Dahinter werden sie mit einem kleinen Buchstaben von „a" bis „d" oder „m" genauer spezifiziert. Es sind auch Übergangsformen möglich, wie zum Beispiel „SBbc" (Milchstraße). Beide können noch durch ein in Klammern vor den Kleinbuchstaben stehendes „r", „s", oder „rs" genauer beschrieben werden.

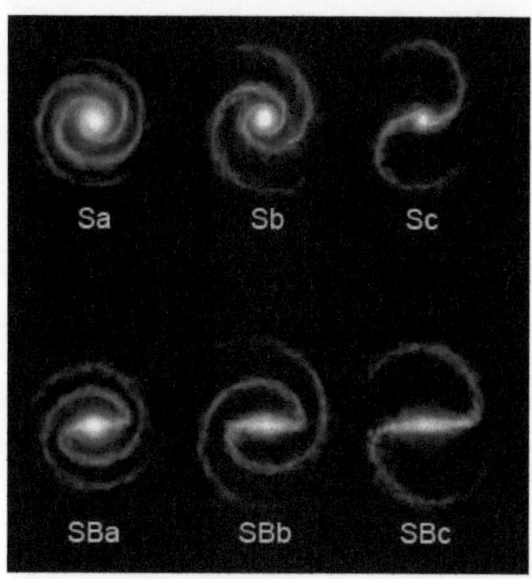

Abb. 5: Hubble-Sequenz für Spiral- und Balkenspiralgalaxien

Bei einem „a" handelt es sich um eine Galaxie mit sehr dichten Spiralarmen und einem großen, hellen Kern. Wenn die Galaxie mit einem „b" gekennzeichnet ist, liegt eine leicht geöffnete Spirale und ein mittelgroßer Bulge vor. Bei einem „c" sind die Spiralarme weit geöffnet und die Kernstruktur ist kleiner. Im Falle eines „d"s ist diese noch kleiner und sehr schwach ausgeprägt. Die Spirale ist sehr unregelmäßig und hat unter Umständen einige Lücken. Beim magellanschen Typ („m") ist eine Spiralstruktur nur noch in Spuren vorhanden.

Die Spiralarme können sich außen zu einem Ring formen („r") oder in der Form eines „S" („s") auftreten. Eine Mischform wird mit „rs" bezeichnet[13], [18], [19], [20].

Abb. 6: Bsp. „r": NGC 4736 (SA(r)ab)

Abb. 7: Bsp. „s": NGC 1365 (SB(s)b)

3.2.3 Irreguläre Galaxien

Etwa vier Prozent der bekannten Galaxien können nicht in eine der oben beschriebenen Kategorien eingeordnet werden. Daher werden sie Irreguläre Galaxien genannt und mit „I", „Ir" oder „Irr" gekennzeichnet.

Wenn sie den Ansatz eines Balkens aufweisen, werden sie mit „IB" bezeichnet, ansonsten mit „IA". Wie bei den Spiralgalaxien gibt es auch Mischformen („IAB"), oder auch Fälle, in denen es unklar ist („I", „Ir" oder „Irr").

Da die magellanschen Wolken die bekanntesten Irregulären Galaxien sind, wird noch ein magellanscher Typ („m"), ein nicht-magellanscher Typ („0") und unterschieden. Im Falle einer S-Form wird ein in Klammern gesetztes „s" dem „m" oder der „0" vorangestellt.

Abb 8: Bsp irreguläre Galaxie: NGC 2366 (IB(s)m)

Irreguläre Galaxien kommen auch als Zwerggalaxien „dIr". Diese haben allgemein einen Durchmesser von höchstens 20 000 LJ und sind meist irreguläre oder elliptische Galaxien (siehe 3.2.1). Sie kommen außerdem viel öfter vor, als „normale" Galaxien, sind aber durch ihre geringe Helligkeit und Größe schwer zu entdecken. Durch die hohe Gaskonzentration entstehen dort auch viele neue, junge Sterne[13], [20], [21].

3.2.4 Aktive Galaxien

Aktive Galaxien weisen im Kern starke Aktivitäten auf, wodurch dieser sehr hell leuchtet. Man kann einen Jet erkennen, der im Zentrum entspringt, was dort auf ein aktives Schwarzes Loch hindeutet. Jets sind Strahlen von geladenen Teilchen, welche mit enormer Geschwindigkeit entlang der Magnetfeldlinien, also senkrecht zur Akkretionsscheibe eines Schwarzen Loches ins All hinausgeschleudert werden. Die Akkretionsscheibe besteht aus der Materie, welche sich spiralförmig zum schwarzen Loch bewegt und immer stärker verdichtet wird, was zu der hohen Freisetzung von Energie führt.

Man unterteilt die aktiven Galaxien in Radiogalaxien, Seyfert-Galaxien, BL-Lacertae-Objekte, Blazare und Quasare.

Radiogalaxien strahlen im Radiofrequenzbereich (30kHz bis 300Ghz) um ein Vielfaches stärker als andere Galaxien (der Faktor beträgt bis zu 10^6). Die Strahlung geht jedoch von den Jets aus, an deren Ende sich die sogenannten Radioblasen oder Lobes befinden, und nicht von den Galaxien selbst. Meist handelt es sich um massereiche elliptische Galaxien. Um das zentrale schwarze Loch hat sich meist eine Staubschicht gebildet, welche senkrecht zum Jet steht.

Seyfert-Galaxien sind nach dem Astronomen Carl K. Seyfert benannt, der sie 1943 entdeckte. Es handelt sich um Spiralgalaxien, welche den Quasaren sehr ähnlich sehen. Die Strahlung des Zentrums enthält viele Emissionslinien und befindet sich vor allem im infraroten, ultravioletten und Röntgenbereich.

Die Seyfert-Galaxien werden zusätzlich in Seyfert 1 und Seyfert 2 unterteilt. Es existieren außerdem Mischformen von Typ 1,5 bis 1,9. Seyfert-1-Galaxien haben auch breite Emissionslinien, Seyfert-2-Galaxien dagegen nur schmale. Letztere erscheinen auch dunkler.

BL-Lacertae-Objekte weisen hingegen ein kontinuierliches Spektrum und stark polarisiertes Licht auf, dessen Helligkeit sich sehr schnell ändert. Diese ist aber allgemein so hoch, dass diese Objekte wie Sterne aussehen.

Abb 9: Bsp. Seyfert-2-Galaxie: NGC 7742   Abb 10: Bsp. Radiogalaxien: NGC 5128

Die hellsten bekannten Galaxien im Universum (10^{11} bis 10^{15} mal so hell, wie die Sonne) sind Quasare. Der Begriff ist eine Abkürzung für „quasistellares Objekt", was sich auf die sternähnliche optische Erscheinung zurückführen lässt, welche durch sehr große Entfernungen zustande kommt. Die Strahlung der Quasare weist relativ breite Emissionslinien und auch einige Absorptionslinien auf, welche Aufschluss über die Zusammensetzung von Materiewolken geben, die das Licht passiert.

Da Quasare oft durch Anreicherung des Zentrums einer Galaxie mit Materie während einer Kollision entstehen und sich die Andromeda-Galaxie auf die Milchstraße zu bewegt, könnte die Milchstraße in einigen Milliarden Jahren zu einem Quasar werden.

Blazare sind eine besondere Gruppe unter den Seyfert-Galaxien, BL-Lacteraen-Objekten und Quasaren, welche sich durch einen Jet auszeichnet, der ziemlich genau in unsere Richtung zeigt (höchstens mit 15° Abweichung). Außerdem schwankt ihre Helligkeit sehr stark und sehr schnell, was man durch ein relativ kleines aktives Zentrum erklären kann. Die Polarisation des Lichts, welches auch viel Radiostrahlung enthält und einer punktförmigen Strahlungsquelle entspringt, ist ebenso veränderlich[22], [23], [24], [25], [26], [27], [28], [29].

3.3 Entstehung der Galaxien

Bei der Entstehung und Entwicklung von Galaxien ist bis heute vieles noch nicht endgültig verstanden worden. Ein relativ großes Mysterium stellt zum Beispiel die dunkle Materie da, welche nur indirekt wahrgenommen werden kann. Sie ist unter anderem wahrscheinlich dafür verantwortlich, dass die äußeren Sterne in einer Spiralgalaxie nicht mit der Zeit langsamer werden. Es ist auch nicht restlos geklärt, ob sie überhaupt existiert.

Im Folgenden wird die Entstehung der Galaxien nach dem ΛCDM-Modell erläutert, da es von vielen Wissenschaftlern anerkannt wird. Λ steht für die kosmologische Konstante und CDM für „Cold Dark Matter", was übersetzt „kalte dunkle Materie" bedeutet. „kalt" besagt in dem Fall, dass die dunkle Materie sich anfangs sehr gleichmäßig bewegte und es kaum zu Schwankungen aufgrund von thermischer Energie kam.

Ein sehr gutes Hilfsmittel der Forscher sind Computersimulationen, bei denen oft das ΛCDM-Modell bestätigt wird. So auch die Millennium-Simulation. Hierbei wurden vom Virgo-Konsortium die Abläufe in einem Würfelförmigen Ausschnitt des Universums mit 2 Mrd. LJ Kantenlänge vom Urknall bis heute berechnet und anschließend auf Plausibilität geprüft. Es wurde das Verhalten von mehr als 10 Mrd. virtuellen Teilchen simuliert, welche sich letztendlich in mehr als 20 Millionen Galaxien zusammengefunden haben.

Die Simulation wurde im Rechenzentrum des Max-Plank-Instituts in Garching auf 512 Prozessoren durchgeführt und nahm allein für die Berechnung mehr als einen Monat in Anspruch und produzierte 23 Terabyte Daten.

Abb 11: Auschnitt des virtuellen Universums der Milennium-Simulation

Die Auswertung ergab, dass sich mit dem Beginn von größeren Dichte-schwankungen im Universum, welche bis dahin durch dessen schnelle Aus-breitung relativ gering waren, Materie an bestimmten Punkten sammelte. Durch die größer werdende Schwerkraft dieser Materieansammlungen wurden immer mehr Teilchen angezogen, bis das Gebilde durch die eigene Gravitation kollabierte. Das Ergebnis war ein Halo aus dunkler Materie, in dem durch die Umwandlung von Gravitation in ungeordnete kinetische Energie ein Gleichgewicht zwischen den Beiden entstand.

Nach und nach verschmelzen viele dieser Halos miteinander, wodurch sie an Größe und Masse zunehmen. Es ist also ein hierarchisches System.

In der Millennium-Simulation vor zehn Jahren ist es jedoch noch nicht geglückt, die einzelnen Galaxientypen nachzubilden, was noch viel Raum für Kritik ließ. Das hat sich jedoch einige Jahre später mit der Eris-Simulation geändert, in der man erstmals die Entstehung einer Spiralgalaxie (in dem Fall die Milchstraße) unter Berücksichtigung des ΛCDM-Modells nachstellen konnte. Die bisher genauste Simulation ist die Illustris-Simulation, in der in einem Würfel mit 350 Milo. LJ Kantenlänge, etwa 50 000 Galaxien mit allen heutigen Formen nachgestellt werden konnten.

Allgemein sammelt sich die dunkle Materie am Rand des Halos und einfallendes Gas (Wasserstoff und Helium) im Zentrum. Speziell bei einer zukünftigen Spiralgalaxie sammelt sich diese sichtbare Materie, welche sich durch die Kreisläufe der Sternentstehung immer weiter entwickelt (vor allem durch Kernfusion), in einer galaktischen Scheibe. Wenn weitere Teilchen einfallen oder eine Zwerggalaxie „geschluckt" wird, wirkt die Gravitation des Zentrums als Zentripetalkraft, was zu einer Kreisbewegung der sichtbaren Materie führt, welche zum Zentrum hin immer schneller wird. So entsteht die typische rotierende Scheibe.

Die Entwicklung von elliptischen Galaxien lässt sich nach wie vor mit den in 2.3 dargestellten Abläufen bei einer Kollision zweier etwa gleich großer Galaxien erklären. Zu solchen Zusammenstößen kam es früher aufgrund der höheren Dichte des Universums und der kleineren, dafür aber häufigeren Strukturen viel öfter, als heute.

Ein großer Kritikpunkt an der ΛCDM Theorie war das hohe Alter der Sterne, welche dann rot erscheinen, in den elliptischen Galaxien, obwohl diese nach dem hierarchischen System eigentlich als letztes entstanden sein sollten. Dieser vermeintliche Widerspruch lässt sich durch die supermassiven Schwarzen Löcher erklären, welche durch ihre Aktivität das Auskühlen der Atmosphäre des Halos verhindern und so die Entstehung neuer Sterne gehemmt wird.

Eine weitere Frage ist, was zuerst da war: Das Schwarze Loch, oder die umgebende Galaxie. Es wird allgemein angenommen, dass zuerst ein supermassives Schwarzes Loch im Zentrum entsteht. Diese Annahme beruht auf der Beobachtung junger Galaxien, wo das Massenverhältnis von Galaxie und Schwarzem Loch zwischen 5:1 und 10:1 liegt. Normalerweise sind es jedoch ungefähr 700:1. Die genaue Entwicklung dieses Schwarzen Loches ist jedoch nicht eindeutig geklärt.

Eine alternative Theorie zur dunklen Materie ist die Modifizierte Newtonsche Dynamik (MOND), welche 1983 aufkam und bis heute Anhänger findet. Es wurde hier Newtons Theorie dahingehend abgeändert, dass bei der weit vom Zentrum entfernten Materie einer Galaxie die Rotationsgeschwindigkeit von ihrem Abstand zur Mitte unabhängig ist[30], [31], [32], [33], [34], [35], [36].

4 Zukünftige Erforschung der Galaxien

Zusammenfassend lässt sich sagen, dass die Forschung vor 25 Jahren in vielen Gebieten schon relativ weit war. Das gilt besonders für die Erforschung der eigenen Galaxie, der Milchstraße. Doch vor allem die Entstehung und die Entwicklung von Galaxien und auch des Universums können wir beispielsweise durch eine rasante Verbesserung der Computertechnik, welche immer genauere Simulationen ermöglicht, heute um einiges besser erklären.

Es bleiben jedoch noch viele Fragen offen und es ist zum Beispiel auch nicht restlos geklärt, ob die oben dargestellte Theorie den Tatsachen entspricht. Die Erforschung der Galaxien bleibt also weiterhin ein sehr interessantes Gebiet. Deshalb bleibt zu hoffen, dass wir immer bessere Gerätschaften und Methoden entwickeln, um die offenen Fragen zu klären.

Literaturverzeichnis

1. „Reise durch das Universum - Galaxien", Time-Life, 1989

2. http://www.maa.clell.de/Messier/D/ (21.05.14)

3. V. M. Slipher: „Spectrographic Observations of Nebulae" in: Popular Astronomy, Nr. 23 1/1915, S. 21-24 im Internet: http://articles.adsabs.harvard.edu/cgi-bin/nph-iarticle_query?db_key=AST&bibcode=1915PA.....23...21S&letter=.&classic=YES&defaultprint=YES&whole_paper=YES&page=21&epage=21&send=Send+PDF&filetype=.pdf

4. http://abenteuer-universum.de/galaxien/andro.html (28.05.14)

5. http://www.welt.de/wissenschaft/weltraum/article123124115/Milchstrasse-hat-doch-mehr-Arme-als-gedacht.html (03.06.14)

6. http://www.drfreund.net/astronomy_milkyway.htm (03.06.14)

7. http://de.wikipedia.org/wiki/Milchstra%C3%9Fe (03.06.14)

8. http://www.spiegel.de/wissenschaft/weltall/13-6-milliarden-jahre-milchstrasse-ist-fast-so-alt-wie-das-universum-a-313697.html (03.06.14)

9. http://www.kosmos-bote.de/maerz2014.html (04.06.14)

10. http://www.astronews.com/news/artikel/2013/07/1307-025.shtml (05.06.14)

11. Johannes V. Feitzinger: *Galaxien und Kosmologie*", Franckh-Kosmos Verlag, 2007

12. http://www3.mpifr-bonn.mpg.de/staff/sbritzen/galaxien/wechselwirkung.htm (10.09.14)

13. http://www.br-online.de/wissen-bildung/spacenight/sterngucker/deepsky/galaxietypen.html (11.09.14)

14. http://www.dagmar-kuntz.de/kosmologie/hubble.shtml (11.09.14)

15. http://www.andromedagalaxie.de/html/galaxien_elliptische.htm (12.09.14)

16. Peter Schneider: „Einführung in die extragalaktische Astronomie und Kosmologie: mit 10 Tabellen", Springer-Verlag, 2006 im Internet: http://books.google.de/books?id=JmQhBAAAQBAJ&pg=PA90&lpg=PA90&dq=elliptische+galaxien+cD&source=bl&ots=Yy-IP-5LTz&sig=DqqiB9Yp5j6lxvgzxUEdt0FAGME&hl=de&sa=X&ei=It0SVPbnGc7uaL6zgcAF&ved=0CIgBEOgBMAs#v=onepage&q=elliptische%20galaxien%20cD&f=false (12.09.14)

17. http://abenteuer-universum.de/galaxien/galax.html#ellip (12.09.14)

18. http://www.astronews.com/news/artikel/2012/02/1202-006.shtml (14.09.14)

19. http://www.space.com/22382-spiral-galaxy.html (14.09.14)

20. http://www.andromedagalaxie.de/html/galaxien_class.htm (14.09.14)

21. http://astrofotografie.hohmann-edv.de/aufnahmen/deepsky.galaxien.php (16.09.14)

22. http://www.spektrum.de/lexikon/physik/aktive-galaxien/301 (25.09.14)

23. http://www3.mpifr-bonn.mpg.de/staff/sbritzen/galaxien/ (25.09.14)

24. http://universal_lexikon.deacademic.com/289565/Radiofrequenzbereich (25.09.14)

25. http://www.spektrum.de/lexikon/physik/seyfert-galaxien/13243 (25.09.14)

26. http://www.spektrum.de/lexikon/physik/bl-lacertae-objekte/1760 (25.09.14)

27. http://abenteuer-universum.de/galaxien/blazar.html (29.09.14)

28. http://www.spektrum.de/lexikon/physik/blazare/1728 (29.09.14)

29. http://www.spektrum.de/lexikon/physik/quasare/11915 (1.10.14)

30. http://www.mpa-garching.mpg.de/mpa/pub_resources/pop_science/SterneUndWeltraum_Nov2006.pdf
    (12.10.14)

31. http://www.sciencedaily.com/releases/2005/06/050604061156.htm (12.10.14)

32. http://www.spiegel.de/wissenschaft/weltall/galaxien-entstehung-am-anfang-war-das-loch-a-600115.html (17.10.14)

33. „Kosmische Kollisionen", Springer Spektrum, 2010 im Internet:
    https://www.google.de/url?sa=t&rct=j&q=&esrc=s&source=web&cd=11&cad=rja&uact=8&ved=0CFwQFjAK&url=http%3A%2F%2Fwww.springer.com%2Fcda%2Fcontent%2Fdocument%2Fcda_downloaddocument%2F9783827425553-c1.pdf%3FSGWID%3D0-0-45-1031937-p174012159&ei=xjJBVOHgGIbgyQON64KACg&usg=AFQjCNFxdyrM0gGi7amMy44JJ3_13sTd8Q&sig2=qOu9yxtJKTMI0V2Ox0IbRQ&bvm=bv.77648437,d.bGQ (17.10.14)

34. http://www.mnf.uzh.ch/index.php?id=20&no_cache=1&tx_ttnews%5Btt_news%5D=576&type=98&print=1 (17.10.14)

35. http://www.n-tv.de/wissen/Computer-simuliert-den-Kosmos-article12782256.html
    (21.10.14)

36. http://www.3sat.de/page/?source=/scobel/149776/index.html (22.10.14)

Bildnachweise

1. S.4 Abb1: „Schema einer Spiralgalaxie"
   http://upload.wikimedia.org/wikipedia/de/1/11/Spiralgalaxie_Aufbau.png (1.6.14)

2. S.5 Abb2: „Kollision von zwei Galaxien"
   http://de.wikipedia.org/wiki/Galaktische_Gezeiten#mediaviewer/Datei:NGC4676.jpg
   (6.6.14)

3. S.8 Abb3: „Beispiel Ringgalaxie: Wagenrad-Galaxie"
    http://antwrp.gsfc.nasa.gov/apod/image/cartwheel_hst.gif (12.10.14)

4. S.9 Abb4: „Hubble-Sequenz für elliptische galaxien"
    http://de.wikipedia.org/wiki/Galaxie#mediaviewer/File:Hubble_sequence_photo.png
    (12.09.14)

5. S.10 Abb5: „Hubble-Sequenz für Spiral- und Balkenspiralgalaxien"
    http://de.wikipedia.org/wiki/Galaxie#mediaviewer/File:Hubble_sequence_photo.png
    (14.09.14)

6. S.11 Abb6: „Bsp. ‚r': NGC 4736 (SA(r)ab)"
    https://c1.staticflickr.com/9/8013/7271742064_ed518c7c49_z.jpg (16.09.14)

7. S.11 Abb7: „Bsp. ‚s': NGC 1365 (SB(s)b)" https://lh4.googleusercontent.com/-
    bP8EhZudPUw/UP9tsUpLdNI/AAAAAAAABHU/mDRkFz_1BYQ/s0/NGC1365_gendler_
    640x960-v2-astronomolly.jpg (16.09.14)

8. S.12 Abb8: „Bsp. irreguläre Galaxie: NGC 2366 (IB(s)m)"
    http://farm3.static.flickr.com/2261/2266406582_73a32ea750_m.jpg (17.09.14)

9. S.14 Abb9: „Bsp. Seyfert-2-Galaxie: NGC 7742"
    http://upload.wikimedia.org/wikipedia/commons/e/ee/Seyfert_Galaxy_NGC_7742.jpg
    (25.09.14)

10. S.14 Abb10: „Bsp. Radiogalaxien: NGC 5128"
    http://upload.wikimedia.org/wikipedia/commons/d/d2/ESO_Centaurus_A_LABOCA.jpg
    (25.09.14)

11. S.15 Abb11: „Auschnitt des virtuellen Universums der Milennium-Simulation"
    http://www.mpa-garching.mpg.de/galform/virgo/millennium/seqF_063a.jpg (20.10.14)